Café Bach

濾紙式 手沖咖啡 萃取技術

田口 護

瑞昇文化

目次

第四章 濾紙滴漏的應用技術 ⋯⋯⋯⋯⋯⋯ 96

序章
———

咖啡萃取的發展

躍進的咖啡產業

　　近年來，咖啡產業持續著驚人的成長。精品咖啡的普及、自家烘焙咖啡店的增加、手沖咖啡和虹吸壺熱潮的捲土重來、咖啡競賽的活躍化等⋯⋯。

　　在日本，於 1960 年代～70 年代因咖啡館的盛行，濾布滴漏式、虹吸壺和濾紙滴漏式咖啡相當普及。然後到了 90 年代後半，美國來的星巴克咖啡登陸日本，義式濃縮咖啡成為次世代的咖啡而大受矚目。

　　另一方面，在國外，經過第一波、第二波的咖啡熱，於 1982 年在美國成立精品咖啡協會。在這之後，精品咖啡以美國、北歐為中心擴展至世界各咖啡消費國，日本則稍晚，於協會成立後約 20 年的 2003 年創建了日本精品咖啡協會（SCAJ）。產地履歷明確，風味特性絕佳的精品咖啡也在日本受到高度矚目，呈現出其風味特性的義式濃縮或濾壓式萃取法隨處可見。這時，從美國傳來了第三波咖啡熱「Third Wave」。在 Third Wave 中，大型咖啡連鎖店引以為豪的市占率情景，注目焦點移向被稱作「micro roaster」的小型自家烘焙咖啡館。另一項引人注意的動向是，日本的手沖咖啡（濾紙滴漏・濾布滴漏）和虹吸壺成為趨勢，在美國當地，以自家烘焙咖啡館和街頭咖啡店為主，流行起手沖咖啡和虹吸壺。這波潮流不久便逆向輸入至日本。在日本，伴隨著新銳自家烘焙咖啡館和街頭咖啡店的急遽增加與人氣，手沖咖啡和虹吸壺再度形成熱潮。

濾紙滴漏新潮流

　　1960 年代～70 年代在日本相當普及的濾布滴漏、虹吸壺和濾紙滴漏式咖啡當中，較為簡便且能充分萃取出美味的方法，不但咖啡館連家庭也會選擇的是「濾紙滴漏式」。

　　即便身處 21 世紀的「Third Wave」，濾紙滴漏也擁有高人氣。在這項萃取法中可以見到各式各樣的「新光景」。例如，使用手沖架或電子秤（磅秤）來萃取、咖啡濾杯的形狀‧素材與既有款式截然不同、或是單點時選擇咖啡濾杯的系統等。此外，最近即便是以義式濃縮咖啡為主的咖啡連鎖店，也會販售手沖咖啡，舉辦手沖咖啡講座等，致力經營手沖咖啡。受到這波潮流的影響，日本也開始進行手沖和沖煮等咖啡競賽。國外的咖啡相關人員也參考日本的萃取技術，原本在日本舉辦的咖啡競賽就不用說了，連世界大賽的現場，或是國外的咖啡館、咖啡店也多使用日本廠商開發的萃取器具。

選擇最適合的萃取法

在咖啡業界中另一項引人注目的動向是，近年來越趨盛行的咖啡競賽。有日本精品咖啡協會（SCAJ）主辦的日本手沖咖啡錦標賽（JHDC）、日本咖啡沖煮大賽（JBrC）等，日本國內也開始接連舉辦新的競賽。看著這樣的比賽現場，確實是有各種萃取咖啡的方法，每一項當中更有各別的手法，令人佩服。但同時也必須冷靜看待，用這些方法沖煮出的咖啡真的好喝嗎？咖啡競賽中屢屢可以看到，在濾紙滴漏法中，攪拌濾杯內的咖啡粉不也算是「專業手法」嗎？結果有沖煮出不失美味的咖啡嗎？不能被外觀形式及毫無根據的理論所迷惑。那會與時代背道而馳。

在這樣的競技賽中特別引人注意的是，近年來不斷嶄露頭角，大顯身手的台灣、韓國、中國等東亞地區的參賽者。日本花費近十年才得以名列前茅，他們僅以數年完成。這是相當驚人的進步。在他們成長的背後——是確實學習咖啡的「基礎」，不自我解讀所學知識而是直接吸收並實踐的態度。

近年來以濃縮咖啡為主的咖啡店陸續增加中，導入濃縮咖啡和義式濃縮咖啡機的話，也會讓客人覺得這是要端出最新咖啡的舉動，但果真如此嗎？看清店面立場和顧客需求，選出最適當的萃取法乃是必要之舉吧。

重新檢視萃取咖啡的「基礎」

1968 年我和妻子在東京山谷開了『SHIMOFUSAYA』咖啡館。1975 年以自家烘焙咖啡館『Café Bach』重新開幕時，自家烘焙咖啡館在日本還很少見。之後自家烘焙館開始林立，從精品咖啡於日本問世時起，出現了掛著「自家烘焙」招牌的店面，可以看到以手搖烘豆機和小型烘豆機自行烘焙的咖啡店也比以前多。這段期間，在業界整體也都提升了烘豆機的性能與烘焙技術。精品咖啡登場之前，中深烘焙和深烘焙的咖啡豆蔚為日本主流，但現今喜愛品嘗淺烘焙或中烘焙咖啡的人也變多了。

另外在當時，參差不齊的咖啡豆品質最讓人詬病，但到了精品咖啡的時代，終於可以抬頭挺胸堂堂正正地說「來用優質原料吧」。誰都能輕易取得優質原料及良好材料，咖啡的好喝與否及其截然不同的味道任何人一喝便知曉。不僅是咖啡迷連一般人都願意掏錢買咖啡，這是精品咖啡問世後的一大變化。

在萃取部分，Café Bach 採用的濾紙滴漏，如今再度受到矚目，即便是全世界，也可以看到手沖咖啡從歐美、日本擴展至亞洲、南美和非洲。

原料、烘焙、萃取——在各項條件日益優良的今日，如前所述對咖啡萃取的不當認知也越趨明顯，在這樣的情況下，我希望練習咖啡萃取「基礎」的同時，可以把握學習的機會。所以在本書中可以學到，Café Bach 40 年來實行「濾紙滴漏的萃取技術」。

以「基礎」為軸心，
融入「應用」琢磨出獨特風格

　　咖啡店要用哪種方法沖煮出什麼味道的咖啡提供給顧客是因店而異。不過，在咖啡萃取最重要的「基礎」當中，融入「應用」走出獨特風格，可以說是每間店、每位技術人員的共通之處。自始至終都不能迷失於自我風格。特別是在萃取方面易流於「屬於我的做法、沖煮法」，容易被「只能這樣萃取，這麼做最棒」的自我想法所束縛。

　　新的萃取器具不斷地被開發出來，對使用者而言選擇的範圍變寬廣，算是相當輕鬆的時代。對於現役的咖啡專家，或是以專家為目標的人們，我希望他們以基本的萃取技術為軸，透過應用技術的融入，益發熟練的器具操作手法，呈現出咖啡的多層次味道，成為能夠將這樣的美味、樂趣帶給大眾的技術人員。

　　本書的對象從以咖啡專家為目標的人們、以現任專家身分而活躍的人們，到在家中享受「自行沖泡咖啡」的一般大眾，是本適用族群廣泛的濾紙式萃取技術教學書。針對 Café Bach 的濾紙滴漏法（基本技術、應用技術）和萃取器具做深入詳實的解說。

　　另外，書中也有提到關於在 Café Bach 與咖啡萃取有密切關係的咖啡豆及萃取器具的當面銷售、咖啡銷售專家的養成、咖啡技術的提升。

　　如果讀者能比較、驗證書中講解的萃取法和自身萃取法，將其活用並實際於店內執行、或是運用於日常生活中的咖啡時刻等，那將令人感到榮幸。

　　Café Bach 在出版社的協助下，已經先後出版了兩本咖啡店經營書籍，本書為這實務書籍系列的第三本。

第一章

銷售咖啡

在 Café Bach，咖啡的「萃取吧台」同時也是「咖啡豆銷售專櫃」的位置，讓咖啡的萃取與販售互相連結。這裡將介紹 Café Bach 對銷售咖啡的配置。

製作「好咖啡」

　　Café Bach 自 1974 年開始進行自家烘焙以來，秉持著提倡、實踐製作「好咖啡」的理念。「好咖啡」的基本條件為下列幾點，是專業技術人員精心製作出的咖啡。

① 手工挑除會對味道產生不良影響的瑕疵豆，篩選出優質生豆
② 適當烘焙至豆心確實熟透
③ 現烘
④ 現磨、現沖煮

因應「居家咖啡」消費群的壯大 而採用濾紙滴漏

以咖啡店的身分銷售咖啡豆，讓顧客在店內喝咖啡，進而讓更多人愛上喝咖啡，為此，必須提高居家咖啡的需求與消費。

Café Bach 早早就體認到在家沖泡飲用，「居家咖啡」的重要性，開始進行自家烘焙的同時便把原本的濾布滴漏萃取法換成濾紙滴漏。比起濾布滴漏或虹吸壺，濾紙滴漏讓新手更能輕鬆操作，器具的準備、善後和保養等也較為簡便且衛生，因此容易導入家庭。

改成濾紙滴漏後的店內情況變成怎樣呢？結果，成長為賣豆子的「咖啡豆專賣店」。

在兼賣飲料的自家烘焙咖啡館中，因為喝飲料的需求比賣咖啡豆還高，也有不少店家的咖啡豆滯銷。在那樣的情況下，Café Bach 以「顧客服務」為思考主軸的銷售法和宣傳法，讓咖啡豆專賣店這部分得以持續成長。

在吧台進行「當面銷售」

Café Bach 為了有效發揮每款咖啡豆的特性，將其烘焙成淺烘焙豆～深烘焙豆，並銷售 20 種以上世界各地的自家烘焙咖啡豆。這麼充實的種類是為了對應顧客的多樣喜好，另外，也是希望顧客可以瞭解因生產國和產地、烘焙度的不同而產生的口味差異，拓展顧客對咖啡的興趣。

店內，在吧台萃取咖啡的工作人員身後（背後層架）並排陳列著裝有咖啡豆的罐子。工作人員藉由那些咖啡罐，扮演著「咖啡豆」和「顧客」間的溝通橋樑，完成和顧客邊聊邊賣豆子的「當面銷售」形式。

為了順利賣出咖啡，將販售物的烘焙豆和萃取行為皆「可視化」相當重要。雖然也有些店是直接將咖啡豆放在顧客眼前的吧台上，但 Café Bach 並不那麼做。其中一項原因是不要隔著咖啡罐，而是讓顧客確實看清萃取咖啡的樣子，並且希望以「目前正在沖煮你的咖啡」這幅情景取信於顧客。

在層架上擺放咖啡豆的罐子，對能夠判別烘焙豆的顏色濃淡與形狀完整相當重要。為此必須花心思調整吧台到層架的距離、視線高低和光線明亮度。另外，將豆子裝入透明罐，依烘焙度不同在罐身貼上區分標籤，按烘焙度集中擺放。這麼做的重點在於了解烘焙度的區別，正確認清手挑豆的品質。

然後在顧客面前進行萃取。看到萃取情景是讓顧客心想「好像在家也能簡單完成」的第一步。從這裡會讓豆子和器具的銷售產生關連性，必須教導他們熟知器具的使用方法。在吧台的話，不須刻意變換位置就能在顧客面前，依場合於當下的時間地點進行教學，所以吧台扮演的角色非常重要。

如此一來，Café Bach 就一邊萃取咖啡，一邊宣傳、銷售咖啡豆和萃取器具。萃取吧台既是「和顧客的接觸點」同時也具備「咖啡豆專櫃」的功能。

為了讓顧客產生「試著在家沖泡咖啡」的念頭，必須一邊在吧台公開萃取過程，一邊宣揚可以輕鬆學會的概念。

精品咖啡的銷售

在日本品嘗精品咖啡是 21 世紀以後，這十幾年來的事。藉著精品咖啡的問世，出現「讓咖啡的美味與魅力廣為流傳，盡情享受咖啡」的潮流，對日本咖啡業界而言這是可稱之為「革命」的重大事項，是件好事。

對於精品咖啡，其根本的理念在於生產國和消費國共享咖啡文化與交易。近年來生產國當地的咖啡消費逐漸擴大，例如到目前為止屬於咖啡輸出國的巴西，因國內消費的增加，慢慢變成輸入國。考量到在不久的將來生產國將成為消費國，「咖啡交易的計畫性」和「與生產國間的協調」越來越重要。

另一方面，對於消費者顧客而言，「享受品嘗咖啡」有了更重要的意義。精品咖啡容易先入為主，給人高價高品質的印象，銷售者不應大肆拉高其銷售門檻，而是要努力從每款咖啡豆擁有的背景與特性下功夫，「發揮價值」，讓顧客樂在其中。

精品咖啡不單只是高價、高品質的咖啡。其產地多位於中南美洲和非洲的貧窮國家，每一顆咖啡豆都和眾多勞動者息息相關。賦予每一階段勞力合理的報酬，買方評價該部分並以適當的價格買取，精品咖啡就像這樣和生產國與消費國兩者產生關連並同時保有價值。生產國和消費國共同理解 sustainability（持續種植好咖啡並採買的關係）和 traceability（產地履歷），共享喜悅與歡樂，這便是精品咖啡的精髓所在。

咖啡專家應該致力於加深每個人對「咖啡的樂趣」。精品咖啡今後的銷售量是否會增加和這一點關係重大。

銷售咖啡專家的養成

「要怎麼沖煮咖啡給顧客喝,讓他們享受咖啡」。為了將其重要性傳達給即將成為專業人士的員工,透過在 Café Bach 舉辦的咖啡研討會及精品咖啡協會的活動,致力推廣、精進咖啡的知識及技術。

自 1970 年代後半段起,有很多人到 Café Bach 拜訪希望教導他們萃取和烘焙的技術。當時很少有咖啡館在吧台傳授技術給不知來歷和人品的訪客,而且也不常有咖啡研討會等場合,因此,有很多人是聽到本店的傳聞從遠處過來拜訪。

之後,本店在技術指導方面也頗受好評,這與現在的 Bach 集團息息相關。在 Café Bach 學習,獨立開業的集團店面超過 100 間,日本各地的 Bach 集團店家正往製作「好咖啡」邁進。

Café Bach 中也有十多位以將來要開咖啡廳為志向修業的員工。希望培育將來的技術人員,這也是我和妻子當初開店的初衷,也是經營此店的一大目標之一。

在吧台負責萃取咖啡

Café Bach 會依工作人員各自的能力與資質，從他們在店內開始工作約莫半年，讓他們於營業時間在吧台負責萃取咖啡。當然要站在吧台之前，必須確實培訓工作人員至不被客訴的程度，不過 Café Bach 的咖啡萃取標準，還是有考慮到經驗尚淺的技術人員。

如果要求負責萃取的工作人員具備和老闆或店長相同的技術程度，可能要花 5～10 年才能擔任萃取工作。這樣完全無法培育出工作人員。即便讓經驗尚淺的工作人員負責萃取，若事先確實做好烘焙之前的工作，在萃取部分就不需要大做調整即可完成。

讓資淺的工作人員負責萃取，站在吧台，沖煮咖啡給顧客。然後某一天，累積了經驗的工作人員被常客說「你煮的咖啡變好喝了耶」，受到這句話的鼓勵而加倍努力以磨練技術。Café Bach 是經由這樣的過程來培育工作人員。

Café Bach 提供的咖啡，是以店中營業範圍內的有限條件完成一定萃取標準的咖啡，即便如此依舊充滿信心能提供美味的「好咖啡」給顧客。

取得咖啡技術資格

在 Café Bach，以咖啡專家為目標的人員必要的學習項目是，讓工作 1 年的同仁取得「咖啡達人（coffee meister）」的資格。

咖啡達人係指以學會對咖啡更深入的知識和基本技術為基礎，能提供豐富的咖啡生活建議給顧客之咖啡人員（服務人員），由日本精品咖啡協會於 1999 年創立，是日本最初的咖啡認定資格。

該咖啡達人的強項為，高於交易往來的自家烘焙咖啡店或公司行號所要求的專業性，在咖啡店或咖啡館中實際與消費者接觸，網羅為了向消費者推廣咖啡（=消費者教育）的必要學習內容。這項「消費者教育」在今後的時代，也是企圖推廣精品咖啡的重要關鍵。

取得咖啡達人資格，別上認定徽章站在店內的 Café Bach 工作人員。從他們的身影傳來「自信」和「覺悟」。

咖啡達人是準備給欲成為咖啡專家者的教育課程，這是奠定未來的基礎，更是開設咖啡館的里程碑。

還有其他各式各樣的咖啡技術資格，但先要有取得資格不是唯一目的的心理準備。重要的是透過資格認定將所學的知識和技術活用於日常業務中。

參加咖啡競技大賽

　　近年來的咖啡競技賽越來越活絡。在這當中，日本精品咖啡協會（SCAJ）主辦的咖啡比賽，也增加了競賽項目，申請參賽的人數也逐年增加。日本咖啡師錦標賽（JBC）、日本虹吸式咖啡錦標賽（JSC）、日本拉花錦標賽（JLAC）等，每年都聚集了高人氣，不過受到「Third Wave」的影響，2013 年開始舉辦日本手沖咖啡錦標賽（JHDC），2014 年開辦日本咖啡沖煮大賽（JBrC）。在每年一次的 SCAJ 展示會中，場內進行著包括 JHDC、JBrC 等各種項目的大賽，可以看到連觀眾都很踴躍的盛大賽況。

　　為了習得咖啡技術與更加精進，像這樣將咖啡競賽當成是一次機會或場合而把握住，訂下目標努力學習也是一項方法。

　　經由出場比賽完成目標時，可以和顧客分享參賽經驗，並活用其經驗同時將咖啡的美味與樂趣傳達給顧客。

第二章

咖啡萃取法

第二章講述主要的咖啡萃取法和萃取器具，
同時回顧其演變。

咖啡萃取法的演變

從 20 世紀後半到現在，日本每個年代流行各種不同的萃取法。

- ●**1960 年代** 流行濾布滴漏，普及濾紙滴漏
- ●**1970 年代** 流行虹吸壺
- ●**1980 年代** 濾紙滴漏普遍可見
- ●**1990 年代後半** 濃縮咖啡正式登場
- ●**2000 年以後** 流行義式濃縮咖啡機
- ●**2010 年代** 手沖咖啡、虹吸壺風潮再現

手工、技術

濾布滴漏　　　　　濾紙滴漏　　　　　虹吸壺

　　咖啡萃取法可說是從必要的「手工、技術」手法改變成「機械化」手法。

　　在下圖中，濾布滴漏和濾紙滴漏，可由沖煮者本身控制大部分的萃取過程。不過從虹吸壺之後的器具，因大幅規定萃取時的熱水溫度，由器具、機械進行萃取的比例變高。

機械化

愛樂壓　　　　　　　法國壓　　　　　義式濃縮咖啡機（全自動）

濾布滴漏

使用濾布（法蘭絨），讓熱水流過咖啡粉來沖煮的滴漏式萃取法。

濾布滴漏，法蘭絨的內外側可以分開使用、改變濾布的材質或長度、或是以點滴的方式沖煮等，因為可以進行各項調整，能呈現出比濾紙滴漏更廣泛的味道。其最大特色在於濾布滴漏特有的「溫潤味道」。

濾布滴漏大量沖煮時可以做出穩定的味道，但很難少量沖煮，必須有高度技巧。另外濾布的事前準備和善後收拾也比較費時，因此無法深入家庭，主要在咖啡館中享用。

虹吸壺

虹吸壺最初是做為家庭用器具來銷售。但是因器具的使用複雜所以無法深入家庭，和濾布滴漏一樣，變成由專家來進行萃取。

從具象徵性的燒瓶器具和鹵素燈泡表現出的視覺效果，與其他店家的差異性、於「Third Wave」中造成的話題性等，還是有店家大膽選用虹吸壺。

1970 年代的第一次虹吸壺風潮中，因高溫萃取出的香氣是虹吸咖啡的最佳特色而成為注目焦點。最近的虹吸壺熱潮，則是成為品嘗美味精品咖啡的萃取法而備受矚目。

愛樂壓

愛樂壓是利用空氣力道的萃取器具，在日本算是新面孔。把咖啡粉倒入筒狀器具中注入熱水，從上方放置專用器具向下壓（施加壓力以萃取）。

和法國壓最大的差異在於萃取時間較短。在器具底部放上濾紙，經擠壓而過濾，所以咖啡顆粒比法國壓更加細緻，味道較為滑順。不須高度的萃取技術，越來越多店家引進來當作推廣咖啡樂趣的品項。

法國壓

法國壓在重現以杯測掌握精品咖啡的風味特性方面頗具效果，是最常拿來做這方面用途的萃取器具。

法國壓係注入高溫熱水，靜置一段時間後萃取，被歸類於浸泡式（P.37）萃取。任何人都能輕鬆沖泡出穩定的味道，也不需花費太多時間做善後收拾，因此相當推薦給家庭使用。另外，因為不需要高度的萃取技術，對專家而言或許會感到美中不足。

法國壓咖啡帶有獨特的滑順濾渣口感。味道偏淡具香氣。

濃縮咖啡

使用義式濃縮咖啡機，經由氣壓萃取出義式濃縮咖啡。

在日本因為星巴克咖啡的出現，拿鐵咖啡和卡布奇諾登上咖啡館的菜單選項，拿鐵和卡布奇諾的拉花藝術也大受歡迎。

精品咖啡問世後，有不少間自家烘焙咖啡店和咖啡館引進濃縮咖啡，做為表現出精品咖啡風味特性的萃取法。從那時起也能看出濃縮咖啡豆的變化。在那之前的基本款為深烘焙綜合豆，但精品咖啡問世後變成使用中烘焙、中深烘焙的咖啡豆，也會選用單品咖啡豆。

在義大利當地的家庭中，習慣飲用以摩卡壺煮出的直火式濃縮咖啡，在日本一般則是以義式濃縮咖啡機沖煮，多半被視為在家以外品嘗的咖啡。

濾沖式萃取法和浸泡式萃取法

咖啡的萃取方法大致可分為「濾沖式」和「浸泡式」。

濾沖式是以咖啡粉當作過濾層，讓熱水（水）流過該處的萃取方法，滴漏式、義式濃縮和水滴式咖啡皆歸於此類。

浸泡式是將咖啡粉和熱水（水）混合均勻，靜置一定時間後萃取的方法，虹吸壺、法國壓、冷泡式、濾壓式則屬於此類。

因實際上的程度差異，每種萃取法都具備濾沖和浸泡雙重類型。

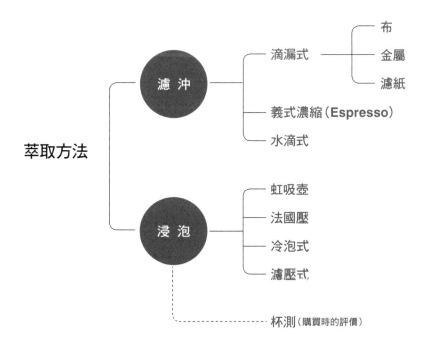

第三章

濾紙滴漏的
基本技術

在 Café Bach 店內依菜單分別使用四種濾紙滴漏法，從基本款咖啡到
變化款咖啡，提供多樣化的濾紙滴漏咖啡。廣泛對應不同種類與烘焙
度的咖啡豆，鑽研濾紙滴漏應用技術的同時穩固基本的萃取技術。

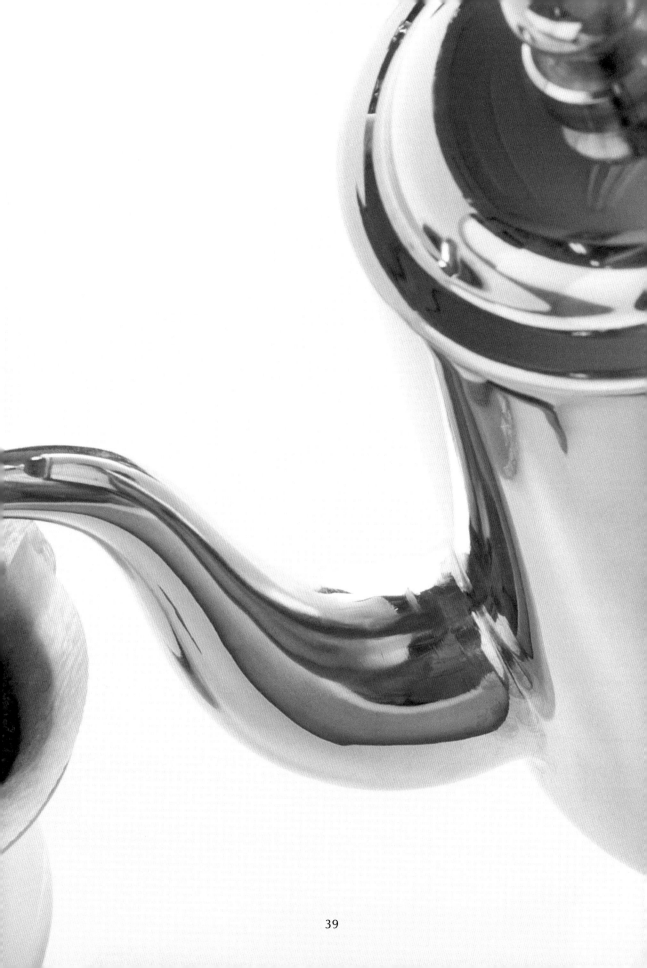

濾紙滴漏的分類

　　濾紙滴漏既簡便且衛生，善後收拾也輕鬆，因此是日本家庭中最普遍的萃取法。

　　濾紙滴漏屬於**濾沖式萃取法**。不過，當中也有浸泡傾向強烈的萃取樣式。其代表性萃取法為單孔式美利達（Melitta）濾杯。

　　在 Café Bach，使用自萃取者的觀點與廠商共同開發出的單孔、雙孔濾杯，進行濾沖式萃取。

濾沖式 ﹘﹘﹘﹘ 以咖啡粉當作過濾層，
　　　　　　　讓熱水（水）流過該處的
　　　　　　　萃取法。

浸泡式 ﹘﹘﹘﹘ 混合咖啡粉和熱水（水），
　　　　　　　靜置一定時間後萃取的方法。

　　濾紙滴漏的概念是以咖啡粉當作「**過濾層器具**」，其原理是藉由熱水的通過完全沖泡出咖啡成分。被沖洗的咖啡粉（粒子）表面，就像要填滿和咖啡粉中心部分間的濃度差般，成分在表面上做移動。成分的移動需要一定時間，配合該時機分批注入幾次熱水的方法較為適當。

　　「濾沖」式的目標如同字面所示為「乾淨的口感」。過濾得越充分，通過舌尖和喉嚨的就會是滑順且濃郁，口感清晰的好咖啡。

萃取器具和味道的關係

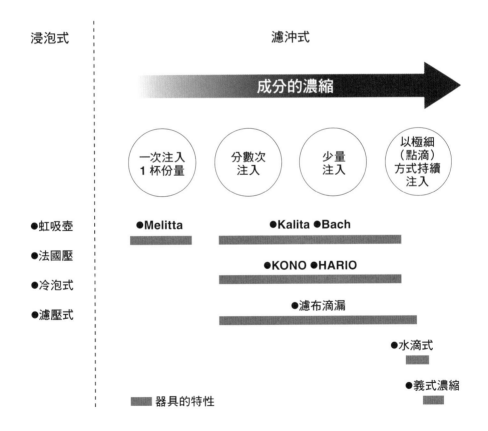

單孔／浸泡傾向強烈的濾沖式

以濾杯計算萃取量的類型。悶蒸後（P.62），在濾杯內一次均勻地注滿熱水以進行萃取。因為單孔濾杯孔徑小，咖啡粉長時間浸泡於熱水中，是偏向浸泡式的萃取法。

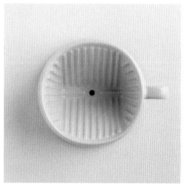

Melitta 的濾杯。雖然照片中的濾杯沒有杯數刻度，但也有畫上刻度的 Melitta 濾杯。

三孔／濾沖式

以咖啡下壺計算萃取量的類型。藉由下壺的刻度確認萃取量。分數次注入熱水的萃取法。因為有三孔所以熱水滴落迅速。

Kalita 式濾杯「波浪系列」。波浪系列濾杯在平坦的底部開有 3 個孔洞。放上有 20 道波浪的專用濾紙進行萃取。

單孔／圓錐形／濾沖式

　　以咖啡下壺計算萃取量的類型。過濾層為深圓錐形的大孔徑單孔濾杯。分數次注入熱水的萃取法。

HARIO 的 V60 濾杯，其特色是圓錐形，具螺旋狀溝槽（spiral rib）的大孔徑單孔濾杯。

單孔・雙孔／濾沖式

以咖啡下壺計算萃取量的類型。Café Bach 和廠商（三洋產業）共同開發的「Three for」濾杯。分數次注入熱水的萃取法。關於「Three for」濾杯請參考 P.52。

為了活用烘焙度以進行萃取而思索出的「Three for」濾杯。單孔為 1～2 杯份、雙孔為 3～5 杯份。

濾紙滴漏的特色

濾紙滴漏最大的特色有兩點，
①直接呈現因「烘焙度」不同而產生的味道變化、
②自由隨興地調整濃度。

直接呈現因「烘焙度」不同而產生的味道變化

從淺烘焙咖啡到深烘焙咖啡，濾紙滴漏可以輕易傳遞出每款烘焙豆的味道與變化。

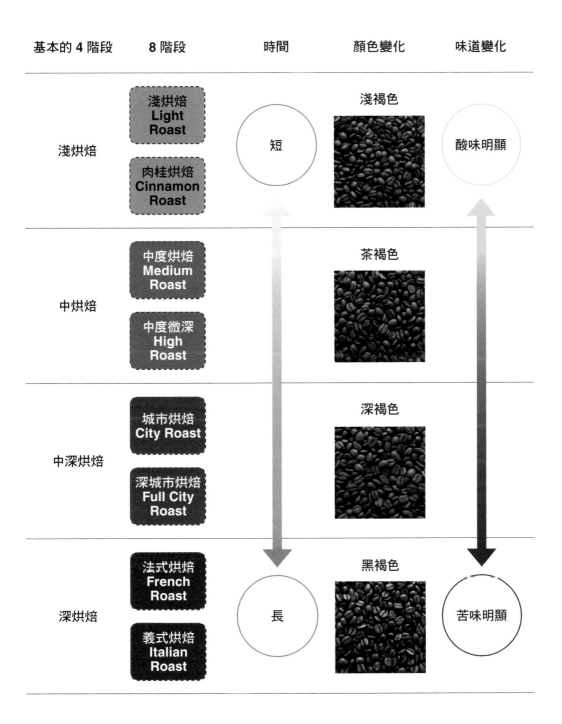

基本的 4 階段	8 階段	時間	顏色變化	味道變化
淺烘焙	淺烘焙 Light Roast / 肉桂烘焙 Cinnamon Roast	短	淺褐色	酸味明顯
中烘焙	中度烘焙 Medium Roast / 中度微深 High Roast		茶褐色	
中深烘焙	城市烘焙 City Roast / 深城市烘焙 Full City Roast		深褐色	
深烘焙	法式烘焙 French Roast / 義式烘焙 Italian Roast	長	黑褐色	苦味明顯

在 Café Bach 大致分成「淺烘焙、中烘焙、中深烘焙、深烘焙」4 種類型進行烘焙，根據每款咖啡豆選擇能發揮其特性的合宜烘焙度。

① 發揮咖啡豆的特性

② 依烘焙度表現出不同味道

這就是濾紙滴漏萃取法的要點。

一般而言，淺烘焙、中烘焙、中深烘焙和深烘焙的咖啡各自具有下述特性。

唯有依咖啡的生產國、地區烘焙出不同口味，並發揮每款咖啡豆的特性，才能彰顯出烘豆師的好本領。

48

淺烘焙

沒有強烈的酸味與苦味，具咖啡應有的香氣，及能喝下好幾杯的清新味道。

中烘焙

酸味豐富，具獨特風味。

中深烘焙

酸味和苦味平衡，調和地恰到好處。

深烘焙

帶有苦味且口感濃厚，更具顯著的風味特性。

自由隨興地「調整濃度」

　　透過以下列舉的五項主要項目（烘焙度／豆子的研磨粗細度／咖啡粉份量／熱水溫度／萃取速度），可以自由地調整咖啡的味道濃度。

　　以下指標（Matrix）顯示出每種萃取法的差異狀態。在濾紙滴漏，除了烘焙度以外的項目中，以各個箭頭的中心位置為基準點。

味道的平衡

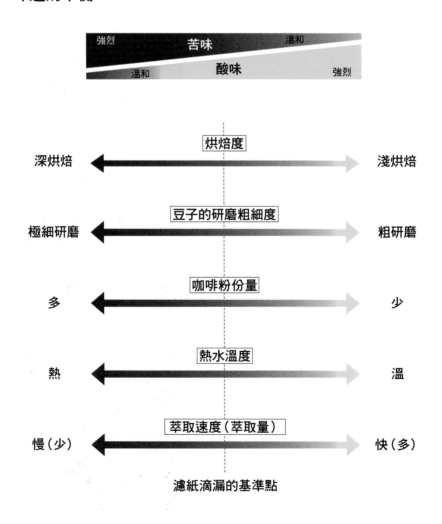

在下表中，「中烘焙、中深烘焙」、「中研磨」、「中溫」和「中速」這一列為萃取的中間值。偏右邊者味道較濃；偏左邊者味道稍淡。透過自由地組合下述烘焙度、豆子的研磨粗細度、咖啡粉份量、熱水溫度和萃取速度，可以做廣泛多樣的萃取。

構成味道濃淡的要素

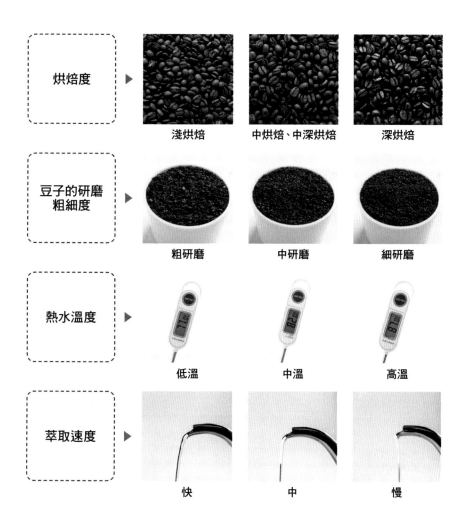

烘焙度 ▶	淺烘焙	中烘焙、中深烘焙	深烘焙
豆子的研磨粗細度 ▶	粗研磨	中研磨	細研磨
熱水溫度 ▶	低溫	中溫	高溫
萃取速度 ▶	快	中	慢

濾紙滴漏的萃取器具

濾杯（Three for）

　　濾杯依器具的孔數、形狀和素材等，各有不同的特色。味道的傾向也因器具而有所差異，所以濾杯的選擇非常重要。

　　Café Bach 使用白色陶瓷的「Three for」濾杯。白色可以輕易發現髒污或異物，容易給人乾淨的好印象。

　　「Three for」濾杯可以形成「具厚度的過濾層」，透過下述三項設計，就能萃取出滑順且濃郁的咖啡。

❶ 濾杯底部的溝槽大小

　　加大濾杯底部的溝槽（突起），確保咖啡液流量順暢。溝槽發揮真空功能，藉著溝槽向下排氣，讓咖啡液穩定如水柱般流向下壺。

濾杯底部加上溝槽的獨家設計

❷ 濾杯內側的溝槽大小

　　加大且加深濾杯內側溝槽（突起），確保濾杯和濾紙間的適當縫隙。咖啡粉中的空氣從該縫隙排出，可以充分悶蒸咖啡粉。

濾杯內側從上到下加上溝槽

❸ 濾杯的角度和形狀

　　濾杯的角度略為狹窄。雖然加寬濾杯（過濾層變薄）容易讓熱水通過，但做出角度可以增厚過濾層，萃取出滑順且濃郁的咖啡。

　　另外，形狀做成橢圓形容易注入熱水。（橢圓形比正圓形更好注入）。

角度稍微狹窄的橢圓形濾杯。有單孔（萃取 1〜2 杯用）和雙孔（萃取 3〜5 杯用）兩款。

濾紙

濾紙基本上選用貼合濾杯的無雜質產品。

濾紙不是每次只折一張，而是開封後就統一折好成形（藉著整理準備方便確認是否有髒污或破損）。

事先將當天要使用的濾紙份數疊好，用不到的部分為了避免沾上氣味先放入其他容器保存。

將每一張濾紙的側邊和底部折成相反方向（山折和谷折）。

完成後每 10 幾張疊在一起成形（因為濾紙輕薄，疊在一起折比單張更不容易破損）。將手指伸入濾紙內側，調整濾紙形狀，把底部兩端折進內側即完成。

將當天的濾紙使用量事先疊好。

咖啡下壺

　　咖啡下壺宜選擇附有萃取量和杯數刻度，底面積大者。有刻度容易配合濃度的調整。此外，底部加寬，便於放在瓦斯爐或電爐的爐架上加熱。

　　多數咖啡下壺的壺嘴和把手呈一直線，實際要倒出咖啡時，這樣的動線設計並不符合人體工學。因此，Café Bach 使用把手位置經過改良的產品。

把手沒有和壺嘴呈一直線，而是改良至稍微偏下方的位置（※目前販售中的三洋產業咖啡下壺均為此樣式）。側面附有萃取量和杯數的刻度。

手沖壺

　　手沖壺以**能倒出粗細水流者**為佳。**熱水水柱的大小**對濾紙滴漏的萃取而言相當重要。

Café Bach 使用 YUKIWA 的手沖壺。把手部分具真空斷熱孔，因此不會燙手。為了應付兩杯以上萃取量的點單，手沖壺的最低容量必須為一公升。

完美萃取的
三大重點

「熱水溫度」、「水柱大小」和
「悶蒸」是影響成品味道的重要因素。

水柱大小

Café Bach 最先徹底進行的萃取練習是「**水柱大小**」和「**熱水的注入法（P.66）**」。

水柱大小以**直徑 2～3mm** 為基準。藉著比該標準小一點或大一點的水柱來調整味道濃度。水柱大小不僅和「味道濃度」，也與「萃取時間」息息相關。

水柱小	⟶	拉長萃取時間	⟶	味道變濃
水柱大	⟶	縮短萃取時間	⟶	味道變淡

中速出水

直徑 2～3mm 的水柱。熱水呈直線往
下流。

熱水稍微往手沖壺的壺嘴內縮流下。

熱水稍微往手沖壺的壺嘴前端蔓延。

Point 2

熱水溫度

　　沖煮適溫為 **82～83℃**。過高或過低的水溫都無法充分萃取出咖啡的美味。不過，在味道濃度的調整方面，**必須控制在「＋－5℃」的範圍內**。水溫和濃度的關係如下。

水溫＋5℃	⟶	味道變濃
水溫－5℃	⟶	味道變淡

　　總之，以高溫沖煮咖啡容易萃取出苦味成分。

　　例如「冰咖啡」，因為會加冰塊稀釋（變淡）所以必須萃取得夠濃，水溫要比平常高，適溫為 87～88℃。

在沸騰的熱水中加冷水調整溫度。為了不使萃取失敗，一定要用溫度計測量。

悶蒸

　　利用第 1 次注水，讓熱水浸濕所有咖啡粉的過程叫做**悶蒸**。因為這種情況看起來就像在蒸饅頭般所以稱之為「悶蒸」。

　　萃取當中利用最先進行的悶蒸，讓咖啡粉散開，膨脹形成具厚度的過濾層。透過該步驟容易釋放出咖啡成分，可以做有效萃取。

悶蒸時間短	⟶	味道變淡
悶蒸時間長	⟶	充分釋放出味道

第 1 次注水以直徑 2～3mm 的細水柱讓熱水均勻浸濕所有咖啡粉。如果水柱過大，過濾層會塌陷，之後的悶蒸就無法進行得宜。

悶蒸 20～30 秒。這時，可用咖啡粉的膨脹狀態來確認悶蒸是否順利進行。膨脹成**漢堡肉狀**的話，就是充分悶蒸的證據（※依使用的咖啡豆烘焙度和咖啡粉粉量，膨脹程度多少有些差異）。若頂部稍微下陷咖啡粉呈現靜止狀態，表示悶蒸結束。與杯數無關，悶蒸需花費 20～30 秒確實進行。

悶蒸時流出的咖啡液濃度最高。這些咖啡液的所含成分以苦味為主。希望萃取出苦味和濃郁度時，可以拉長悶蒸時間。

63

濾紙滴漏的基本萃取法

關於咖啡豆

① 偏好現烘、現磨的新鮮咖啡豆。不是現磨的咖啡粉，就於鬆散後使用。

② 剛烘焙好的咖啡豆含有較多的二氧化碳，因此最好使用烘焙完經過 2 天以上的豆子。將高溫熱水注入含氣量高的咖啡豆會噴出大量泡沫，無法進行適當的悶蒸，味道也會變差。這時如果用低溫熱水（77～78℃）像是舒緩般小心沖煮的話，就算含有二氧化碳也能進行悶蒸。

③ 烘焙完過了好幾天的咖啡豆，必須以高溫萃取。放置數日的咖啡豆因為對熱水的鎖水能力變差，如果不用較高的水溫（87～88℃）則無法釋放出味道與香氣，會變成水味較濃的咖啡。

④ 咖啡豆的研磨度（研磨係數 mesh），濾紙滴漏基本上是用「**中研磨**」。豆子磨得越細味道越濃；磨得粗則味道變淡。

剛烘焙好的咖啡豆 ⟶ 以低溫熱水（**77～78℃**）萃取

放置數日的咖啡豆 ⟶ 以高溫熱水（**87～88℃**）萃取

細研磨度 ⟶ 味道變濃

粗研磨度 ⟶ 味道變淡

配合烘焙度的咖啡豆份量

使用器具

・咖啡量匙（KONO）1 匙＝約 10g

・濾杯 1～2 杯份使用「Three for 101」

　　　3 杯份使用「Three for 102」

淺烘焙

杯數	1 杯	2 杯	3 杯
粉量	1 匙（10g）	1.5 匙（15g）	2 匙（20g）
萃取量	150～180ml	300～360ml	450～540ml

中烘焙・中深烘焙

杯數	1 杯	2 杯	3 杯
粉量	1 匙（10g）	1.8 匙（18g）	2.5 匙（25g）
萃取量	150～180ml	300～360ml	450～540ml

深烘焙

杯數	1 杯	2 杯	3 杯
粉量	1.2 匙（12g）	2 匙（20g）	2.7 匙（27g）
萃取量	150～180ml	300～360ml	450～540ml

※沖煮 3 杯以上時，Café Bach 會使用兩個以上的 1～2 杯用單孔濾杯進行萃取。

注水方法（基本型）

① 將手沖壺前端靠近咖啡粉，從稍低的位置起呈直線往下倒水（**垂直地倒在咖啡粉上**）。調整垂直倒水時的注水量（熱水水勢）也是重點之一。

② 配合濾杯形狀（橢圓形或圓形），從中間往外像是在寫「の」字般注水。

③ 像是「要放上熱水」般慢慢小心地注水。

正確的注水範例

以直徑 2～3mm 的水柱注水。出水量太大無法計算容易產生誤差，因此要徹底練習。練習時用冷水即可。

錯誤的注水範例

注水角度傾斜且水勢過大，不可以上下（像是在空中畫圓般）移動手沖壺。因為濾沖式滴漏是以咖啡粉做為過濾層，注水傾斜或水勢過大會讓過濾層塌陷，成為萃取出不良物質的原因。

不可以從高處注水。從高處注水的話熱水會帶入空氣形成漩渦狀。

這裡是重點

這裡是重點

① 拿手沖壺那一邊的腳稍微往前踩，另一邊的手插在腰上固定身體姿
　 勢。這是長時間站著萃取時也不容易疲勞的姿勢。

② 不要上下移動手沖壺，從一定的高度持續注水。

③ 以往前踏出的腳做支撐點，配合手部動作移動全身。**不要只做手部動
　 作**。利用身體全身來注水就能倒出正確大小的水柱和水勢。

注水時的錯誤姿勢

直立站姿不穩定。撐住另一隻手的姿勢也一樣,注水時變成只有手腕在動因此不夠穩定。伸出手腕的姿勢也是不良示範。

萃取過程

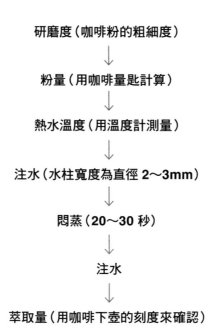

研磨度（咖啡粉的粗細度）

↓

粉量（用咖啡量匙計算）

↓

熱水溫度（用溫度計測量）

↓

注水（水柱寬度為直徑 2～3mm）

↓

悶蒸（20～30 秒）

↓

注水

↓

萃取量（用咖啡下壺的刻度來確認）

在萃取中，無法用道具測量是味道產生「偏差」的主因（要注意尤其是**水柱的大小**）。能用道具測量的地方就要精準測量。

Bach 綜合咖啡

綜合巴西、哥倫比亞、瓜地馬拉和巴布亞紐幾內亞的咖啡豆，以中深烘焙而成的「Bach 綜合咖啡」。在淺烘焙到深烘焙這四種綜合咖啡當中，算是 Café Bach 的招牌綜合咖啡。從下一頁起會講解使用「Bach 綜合咖啡」萃取出一杯份、兩杯份和三杯份的方法。

使用單孔濾杯
萃取一杯

正確且美味地沖煮出一杯咖啡，是濾紙滴漏萃取的首要步驟。

在萃取咖啡時，粉量要多到足以形成具厚度的過濾層，才容易萃取出味道滑順且穩定的咖啡。也就是說，沖煮一杯以上的兩杯、三杯份量，更容易有穩定的品質，沖煮一杯份比較困難。

使用同樣的咖啡豆萃取一杯、兩杯、三杯時，「**每一杯萃取出的味道和顏色濃度皆相同**」是咖啡萃取的要點。另外，重要的是在基本萃取當中（與萃取杯數無關）**第 1 次注水・悶蒸・第 2 次注水，要盡可能小心謹慎地注水以充分釋放出味道。**

只萃取一杯的味道通常會偏淡，**以細小的水柱使其充分滲透進行萃取。**

濾杯　　：Three for「101」

咖啡豆：中深烘焙 **10g**・中研磨

水溫　　：**82～83℃**

萃取量：**150～180ml**

準備的主要器具（濾杯、濾紙、咖啡下壺、手沖壺、咖啡量匙、溫度計）

準備

將咖啡粉放入濾杯，輕拍濾杯使咖啡粉平整。平整的表面容易讓熱水均勻滲入，悶蒸才能進行得宜。

倒掉手沖壺壺嘴部份的熱水
（因為溫度高於壺內熱水）

① 將煮沸的熱水倒入手沖壺，加入冷水調整溫度，以攪拌棒攪拌均勻。
　壺內熱水裝至八分滿即可（必須有一定的重量才能倒出細水柱）。
② 如果溫度達到 82～83℃即準備完成。為了不使萃取失敗，一定要用溫
　度計測量水溫。

第 1 次
注水

將手沖壺前端靠近咖啡粉，**以直徑 2～3mm 的細水柱**，從中心往外側像**是寫「の」字般**小心地注水。當熱水浸濕所有咖啡粉後暫時停止注水。

1　**2**　**3**

注水時不超過邊緣

4 **5** **6**

不要注水至濾杯邊緣。因為過濾層會塌陷，造成邊緣部分的過濾層變薄，萃取出濃度低的液體（※第 2 次之後的注水也一樣）。

✕

悶蒸

悶蒸 20～30 秒。咖啡粉膨脹成漢堡肉狀就是確實進行悶蒸的證據。咖啡
豆夠新鮮足以漂亮鼓起。

咖啡粉頂端微陷，狀態趨於平靜即表示悶蒸結束。

第 2 次
注水

以直徑 **2～3mm** 的細水柱，從中心往外側像是寫「の」字般小心地注水。

水不要倒到咖啡粉的邊緣（最外圈）。
藉著在一定的過濾層間反覆滲透，充分
萃取出咖啡成分。

當中央略為凹陷後進行第 3 次注水。

第 3 次
注水

以直徑 **2～3mm 的細水柱**，從中心往外側像是寫「の」字般小心地注水。當中央略為凹陷後再進行下次注水，在達到所需萃取量前重複注水。

達到下壺刻度的萃取量後，移開濾杯停止萃取。從第 1 次注水起總共過濾 4～5 次。※Café Bach 會多萃取一些來試喝。

使用單孔濾杯
萃取兩杯

使用同樣的咖啡豆沖煮一杯、兩杯時，各自的味道和顏色濃度產生極大落差就不能說是專家沖煮出的咖啡。對專家而言追求穩定性和再現性，必須隨時都能做出均質的咖啡。

萃取兩杯份的要點是，**改變前半段和後半段的「水柱大小」**。在萃取過程中，越到後半段越容易釋放出雜質等討厭成分，因此**後半段要稍微加大出水量**（=縮短萃取時間）。

濾杯　　：Three for「101」

咖啡豆：中深烘焙 18g・中研磨

水溫　　：82～83℃

萃取量：300～360ml

準備

將咖啡粉放入濾杯，輕拍濾杯使咖啡粉平整。

在手沖壺中倒入 82～83℃的熱水備用。

第 1 次注水

將手沖壺前端靠近咖啡粉，**以直徑 2～3mm 的細水柱**，從中心往外側像是寫「の」字般小心地注水（※不要讓水注到咖啡粉邊緣，第 2 次之後的注水也一樣）。當熱水浸濕所有咖啡粉後暫時停止注水。

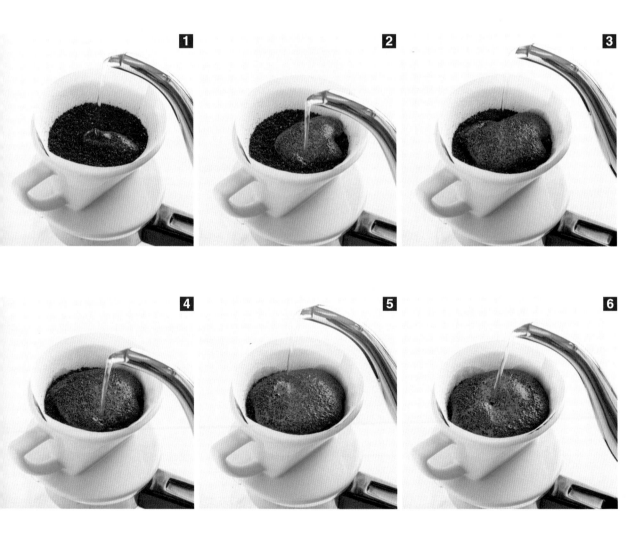

閟蒸

悶蒸 20～30 秒。

以直徑 **2～3mm** 的細水柱，從中心往外側像是寫「の」字般小心地注水。

當中央略為凹陷後進行
第 3 次注水。

第 3 次之後的注水

接下來是後半段的注水。**稍微加大出水量**，從中心往外側像是寫「の」字般小心地注水。當中央略為凹陷後再進行下次注水，在達到所需萃取量前重複注水。

1

2

3

達到下壺刻度的萃取量後，移開濾杯停止萃取。從第 1 次注水起總共過濾
6〜7 次。

使用雙孔濾杯
萃取三杯

在萃取三杯份時，咖啡豆的份量比一杯份、兩杯份還多，萃取方面也容易拉長時間。時間一久，會釋放出雜質、澀味等令人討厭的成分，因此在第 1 次注水、悶蒸、第 2 次注水時充分萃取出味道，慢慢增加**第 3 次注水之後的出水量**，藉此調整萃取時間使其不會過久。

濾杯 ：Three for「102」

咖啡豆：中深烘焙 **25g** · 中研磨

水溫 ：**82～83℃**

萃取量：**450～540ml**

準備

將咖啡粉放入濾杯，輕拍濾杯使咖啡粉平整。

在手沖壺中倒入 82～83℃的熱水備用。

將手沖壺前端靠近咖啡粉，**以直徑 2～3mm 的細水柱**，從中心往外側像是寫「の」字般小心地注水（※不要讓水注到咖啡粉邊緣，第 2 次之後的注水也一樣）。當熱水浸濕所有咖啡粉後暫時停止注水。

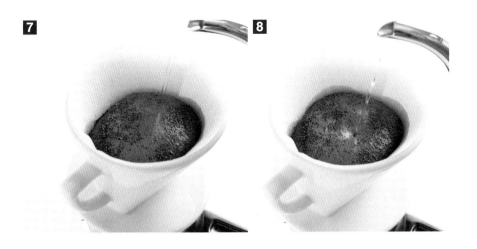

悶蒸 20～30 秒。

以直徑 **2～3mm** 的細水柱，從中心往外側像是寫「の」字般小心地注
水。

1

2

當中央略為凹陷後進行
第 3 次注水。

3

4

第 3 次之後的注水

接下來的第 4 次注水、第 5 次注水……**隨著次數的增加加大出水量**。從中心往外側像是寫「の」字般注水,當中央略為凹陷後再進行下次注水。

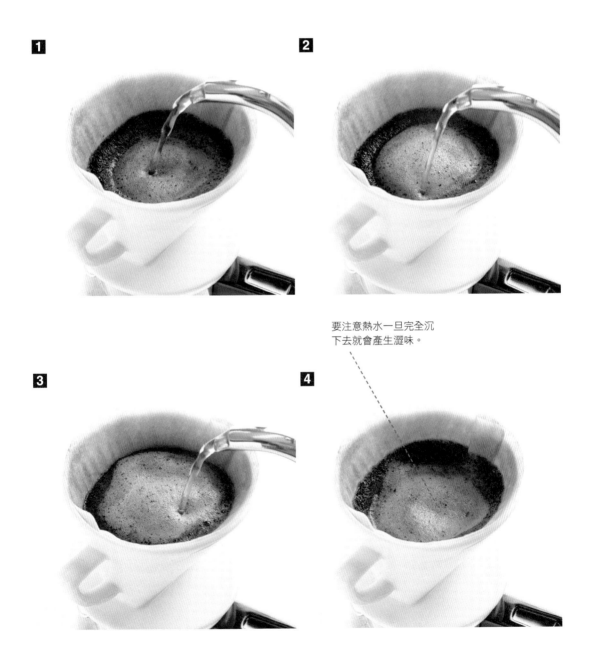

要注意熱水一旦完全沉下去就會產生澀味。

出水量增加所以咖啡粉的邊緣上升。

達到下壺刻度的萃取量後，移開濾杯停止萃取。從第 1 次注水起總共過濾
9 次。

第四章

濾紙滴漏的
應用技術

由濾紙滴漏的基本技術發展而成的應用
萃取法。這裡列出在 Café Bach 實地操作
的三種應用萃取法來進行解說。

三種應用萃取法

Café Bach 依菜單分別使用四種濾紙滴漏法。有第三章介紹的基本萃取法，和從基本技術衍生而出的下列三種應用萃取法。

① 濃咖啡沖煮萃取法

② 淡咖啡沖煮萃取法

③ 點滴法

◉ 搭配基本法和應用法，能進行多種類型的萃取

◉ 使用不同烘焙度、種類的咖啡豆，可以提供多款咖啡，這也是濾紙滴漏的主要特色。

對①②③各項萃取法所需的咖啡粉量和咖啡豆的研磨度（研磨係數）整理如下表所示。

	粉量（1 杯份）	研磨度
淡咖啡	咖啡量匙 0.8～0.9 匙（8～9g）	稍粗
一般咖啡	咖啡量匙 1 匙（10g）	中研磨
濃咖啡	咖啡量匙 1.2 匙（12g）	稍細
點滴法	咖啡量匙 2.5 匙（25g）	稍粗

※使用 KONO 的咖啡量匙

①濃咖啡沖煮萃取法

　　這是為了沖煮出濃濃咖啡液的萃取法。使用於冰咖啡或咖啡歐蕾這種會加冰塊或牛奶稀釋的飲品，或是像維也納咖啡般加上其他配料的咖啡（維也納咖啡加了鮮奶油）等。

　　因為要沖煮出濃郁的咖啡，所以使用中深烘焙～深烘焙的咖啡豆，粉量稍多，研磨係數為中研磨～稍細研磨（※咖啡豆的烘焙度和研磨度依菜單而異→P.106～108）。以似斷非斷般的高溫細小水柱來沖煮，藉此釋放出咖啡的苦味成分。然後減少萃取量。

　　最後沖泡出的咖啡，除了具咖啡應有的苦味和濃郁度外，同時因為滲透均勻，成為口感清爽與純淨的好咖啡。

烘焙度　　：深烘焙或中深烘焙

研磨度　　：中研磨或中細研磨

咖啡粉量：較多（1 杯 12g、2 杯 20g）

水溫　　　：較高（比適溫高 5℃為 87～88℃）

萃取量　　：較少（1 杯 100ml、2 杯 200ml）

準備

在手沖壺中倒入八分滿的熱水備用。水溫為較高溫的 87～88℃。

在濾杯上放好咖啡粉。粉量稍多，12g／1 杯。

將手沖壺前端靠近咖啡粉，**以似斷非斷的細小水柱**，從中心往外側像是寫
「の」字般小心地注水（※不要讓水注到咖啡粉邊緣，第 2 次之後的注水
也一樣）。當熱水浸濕所有咖啡粉後暫時停止注水。

悶蒸

悶蒸 20～30 秒。拉長悶蒸時間的話會充分釋放出味道。

以似斷非斷的細小水柱，從中心往外側像是寫「の」字般小心地注水（※一直到最後都保持這樣的注水法）。

當中央略為凹陷後再進行下次注水。

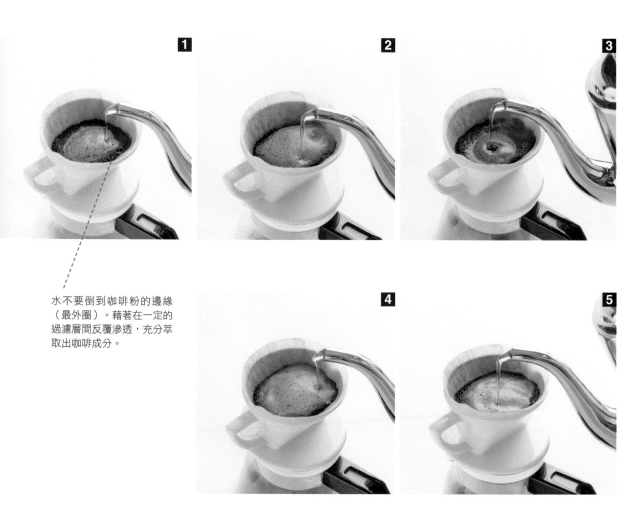

水不要倒到咖啡粉的邊緣
（最外圈）。藉著在一定的
過濾層間反覆滲透，充分萃
取出咖啡成分。

達到下壺刻度的萃取量（100ml／1 杯）後，移開濾杯停止萃取。從第 1
次注水起總共過濾 4 次。

濃咖啡的沖煮萃取要點

‧水柱細小：以「似斷非斷的水柱」為基準

‧不要注水至咖啡粉邊緣：在一定的過濾層中確實滲透。

冰咖啡

烘焙度　：深烘焙

研磨度　：中細研磨

咖啡粉量：1 杯 12g、2 杯 20g

水溫　　：87～88℃

萃取量　：1 杯 100ml、2 杯 200ml

Café Bach 的「冰咖啡」是接到客人點單後才萃取製作，因此可以讓客人享受到現煮咖啡的新鮮美味。將萃取出的咖啡，倒入裝有冰塊的玻璃杯中輕輕攪拌均勻。以甜點專用的製冰機做出更冰更堅硬的冰塊，一直到喝完都不會融化。並附上自製的糖漿（※）和牛奶。

※在調理機中倒入 500ml 的水和 320g 的細砂糖攪打 2～3 分鐘（直到細砂糖溶解為止）。剛開始呈現混濁狀，靜置片刻即變透明。倒入其他容器中冷藏保存。

咖啡歐蕾

烘焙度	：深烘焙
研磨度	：中細研磨
咖啡粉量	：1 杯 12g、2 杯 20g
水溫	：87～88℃
萃取量	：1 杯 100ml、2 杯 200ml

照片中是 Café Bach 的「熱咖啡歐蕾」和「冰咖啡歐蕾」。從萃取好的
100ml 咖啡中取 70ml 倒入杯子，再加上 150ml 的熱奶泡調成一杯熱咖啡
歐蕾。冰咖啡歐蕾則是在 100ml 的咖啡中加入 50ml 的牛奶調製而成。熱
的牛奶含量較多，冰的則是咖啡含量較多。

維也納咖啡

烘焙度	：中深烘焙
研磨度	：中研磨
咖啡粉量	：1 杯 12g、2 杯 20g
水溫	：87〜88℃
萃取量	：1 杯 100ml、2 杯 200ml

照片中是 Café Bach 的「維也納咖啡」。在萃取好的 100ml 咖啡中，加入 2 茶匙細砂糖攪拌均勻，並擠上以乳脂肪含量 40%的鮮奶油打發而成的發泡奶油霜，再撒上糖粒。

②淡咖啡沖煮萃取法

　　淡咖啡普遍被稱作美式咖啡，美式咖啡通常是用熱水稀釋一般的黑咖啡，不過在 Café Bach，則是透過調整使用的咖啡豆和粉量來沖煮出整體味道清淡的咖啡。

　　在 Café Bach 使用的咖啡豆中，偏好選用中烘焙的溫和綜合咖啡豆和淺烘焙的清香綜合咖啡豆，不過也有人喜歡中深烘焙和深烘焙。

　　因為要沖煮淡咖啡，所以減少咖啡粉量，用稍粗的係數研磨。接著**第 2 次注水之後以稍大的出水量注水，加快注水速度**，來取得較多的萃取量。

　　萃取出來的咖啡，整體味道均勻且口感輕柔，和單純只靠熱水稀釋的咖啡不同。

烘焙度　　：中烘焙（溫和綜合咖啡豆）

　　　　　　淺烘焙（清香綜合咖啡豆）

　　　　　　※也可以用中深烘焙、深烘焙

研磨度　　：比中研磨略粗

咖啡粉量：較少（1 杯 8〜9g、2 杯 14〜15g）

水溫　　　：適溫（82〜83℃）

萃取量　　：較多（1 杯 200ml、2 杯 400ml）

在手沖壺中倒入八分滿的熱水備用。水溫為適溫的 82～83℃。

在濾杯上放好咖啡粉。減少粉量，8～9g／1 杯。

（第1次
注水）

將手沖壺前端靠近咖啡粉，**以直徑 2～3mm 的細水柱**，從中心往外側像
是寫「の」字般小心地注水（※不要讓水注到咖啡粉邊緣，第 2 次之後的
注水也一樣）。當熱水浸濕所有咖啡粉後暫時停止注水。

悶蒸

悶蒸 20～30 秒。粉量較少，膨脹度也跟著變小。

稍微加大出水量，並慢慢地加快注水的速度。當中央略為凹陷後進行下次
注水。

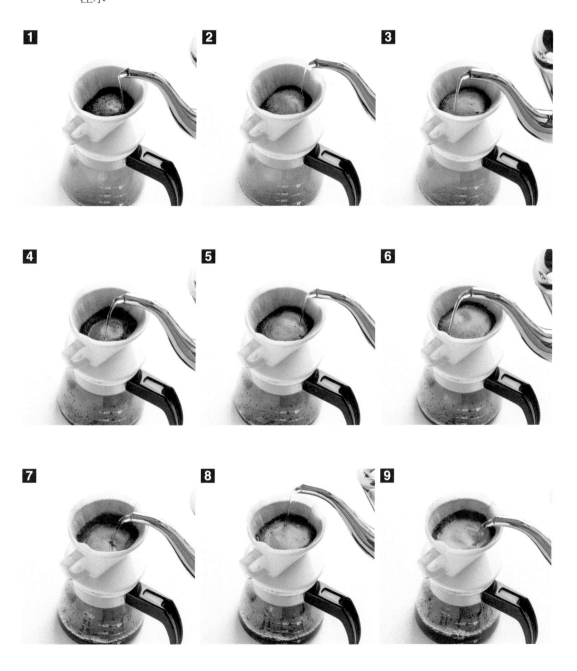

達到下壺刻度的萃取量（200ml／1 杯）後，移開濾杯停止萃取。從第 1 次注水起總共過濾 5～6 次。

淡咖啡的沖煮萃取要點

・第 2 次注水之後，稍微加大出水量，並加快注水速度。

溫和綜合咖啡

使用 Café Bach 的「溫和綜合咖啡豆」，以淡咖啡沖煮萃取法沖煮出的咖啡。（Café Bach 通常是以基本萃取法來提供「溫和綜合咖啡」。）

115

③點滴法

熱水像是點滴般注入，沖煮出有如精華般濃度的咖啡萃取法。

點滴法也經常用於濾布滴漏。在點滴法中，通常使用 2.5 倍量的深烘焙咖啡豆，為了「**垂直滴落熱水**」的動作，必須使用較大的濾杯（在 Café Bach 使用 3～5 人份的雙孔濾杯）。

一般萃取濃咖啡時，會提高水溫。但是點滴法因萃取時間長，後半段容易釋放出雜質等討厭成分，為了減少這部分，將水溫降至 77～78℃。另外研磨度也一樣，萃取濃咖啡時使用細研磨，但為了平衡粉量和萃取量，研磨得稍微粗些。並且減少萃取量（1 杯 100ml）。

最後萃取出的咖啡，其味道就像用濾布滴漏沖煮般濃郁滑順。

烘焙度　　：深烘焙

研磨度　　：稍粗

咖啡粉量：較多（**1 杯 25g**）

水溫　　　：較低（**77～78℃**）

萃取量　　：較少（**1 杯 100ml**）

準備

在手沖壺中倒入八分滿的熱水備用。水溫為較低溫的 77～78℃。

在濾杯上放好咖啡粉。粉量增加至 25g／1 杯。

（照片中的濾杯是 3～5 杯份的 Three for「102」）

第 1 次
注水

從第 1 次注水起就以「**垂直滴落熱水**」的動作，像是在描繪周遭邊緣般地
注水浸濕所有咖啡粉。（※不要讓水注到咖啡粉邊緣，第 2 次之後的注水
也一樣）。當咖啡液滴入下壺後，暫時停止注水。

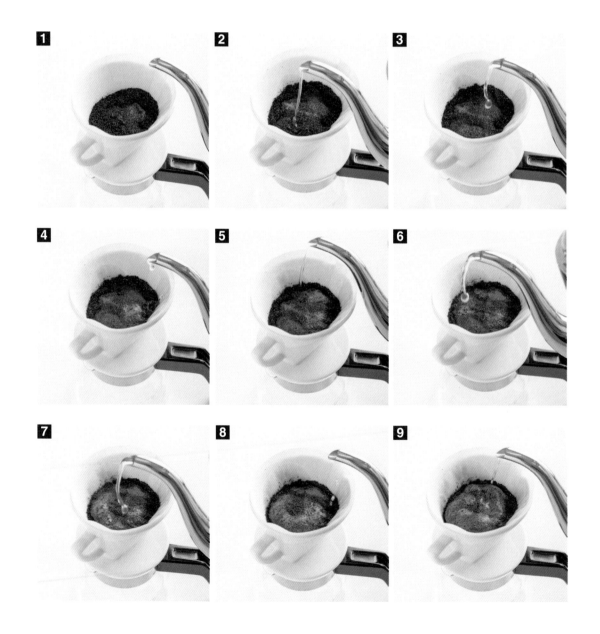

悶蒸 20～30 秒。

1

2

3

第 2 次注
水之後

以「**垂直滴落熱水**」的動作，像是在描繪周遭邊緣般地注水。在達到萃取量前持續進行該注水方法。從中途起一點一滴地繼續注水，釋放出更加滑順的味道。

1

2

3

達到下壺刻度的萃取量（100ml／1 杯）後停止注水。

點滴法的要點

‧注水的動作是「垂直滴落熱水」。

Schwarzer 咖啡

烘焙度　　：深烘焙
研磨度　　：稍粗
咖啡粉量：1 杯 25g
水溫　　　：77〜78℃
萃取量　　：1 杯 100ml

Café Bach 的「Schwarzer」咖啡，把用點滴法沖煮出的 100ml 咖啡，和原味氣泡水一起放在托盤上提供給顧客。口中含著少許的濃醇咖啡品嘗後，再含口氣泡水，感受因相乘效果而散發出的甜味。這是適合細啜品嘗的 Schwarzer 咖啡。

【附錄】第三章、第四章的補充資料

讓濾紙滴漏萃取過程的「標準」變成淺顯易懂的實驗結果

Café Bach 培訓中心編製

Café Bach 培訓中心以從「Acaia」這項和智慧型手機應用程式（App）連動的電子儀器取得之數據為基礎，製成下列圖表。

　　在培訓中心反覆萃取、驗證後製成圖表。將其平均值以圖形顯示出來所以準確度頗高，但並不代表按圖索驥進行萃取，就一定能夠重現 Bach 的咖啡。因為這畢竟是在 Bach 培訓中心裡做出的萃取數據，如果萃取環境不同數據也有可能會產生變化。

　　不過，這些以圖形顯示出的萃取過程，還是能成為追求完美萃取時的「標準」。要在哪個時間點注水、悶蒸時間要多久、要在多少時間內重複幾次等。然後，總共要萃取出多少什麼樣的咖啡。讓到目前為止還有部分難以觀察到的完整萃取圖樣變得容易理解。

　　把在第三章、第四章中介紹過的萃取過程解說，和這邊介紹的萃取過程圖形搭配一起看的話，應該會理解得更加深入。以本書的萃取過程為標準，從中重複進行萃取和驗證，一定可以找到比自己摸索更完美的萃取方法。

※圖表看法
圖中的橫軸為經過時間，縱軸為注入的熱水量。藍色圖形表示依時間經過而改變的萃取量，橫向平行部分則是沒有注水，暫時停止（包含悶蒸時間）。如心電圖般的波形圖表示持續注水。

圖 1　使用單孔濾杯萃取一杯（第 72～79 頁）

●咖啡豆 10g　●水溫 82℃　●注水量 210g　●時間 2 分 15 秒

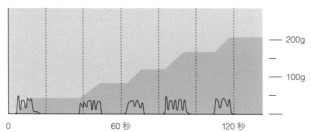

圖 2　使用單孔濾杯萃取兩杯（第 80～87 頁）

●咖啡豆 18g　●水溫 82℃　●注水量 400g　●時間 3 分 30 秒

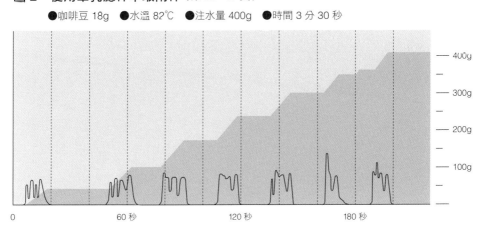

圖 3　濃咖啡沖煮萃取法（第 100～105 頁）

●咖啡豆 12g　●水溫 87℃　●注水量 120g　●時間 2 分

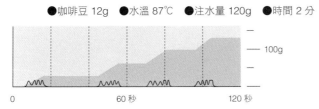

圖 4　淡咖啡沖煮萃取法（第 109～114 頁）

●咖啡豆 9g　●水溫 82℃　●注水量 220g　●時間 2 分

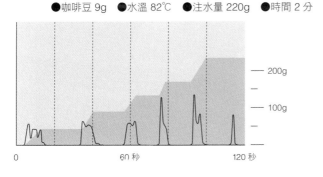

圖 5　點滴法（第 116～121 頁）

●咖啡豆 25g　●水溫 77℃　●注水量 140g　●時間 2 分 15 秒

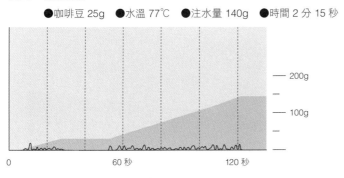

※器具提供／FBC International

美味咖啡系列叢書

玩味咖啡

15X21cm 112頁
彩色 定價 250 元

「需要特殊器材才能煮的咖啡，就交給專門店吧。

只管掌握要領，輕鬆地沖煮出好喝的咖啡就行了。」

不用太繁複的步驟，只要掌握咖啡最基礎的認識&工具，即可變化出一杯風味與眾不同的特調咖啡。與咖啡一起吃的甜點，如果也能做成咖啡風味，就能讓咖啡在味蕾上激盪出更加豐富的層次感。

本書從簡單介紹咖啡豆的種類、研磨器具、沖煮方法等開始，綜合作者經營咖啡廳 11 年的心得，以簡單的圖文方式，例舉出作者多年來精心開發的各式特調咖啡、咖啡風味甜點的食譜。多種組合搭配，玩出視覺與味覺的新體驗，要顛覆您對咖啡的既定印象。

咖啡吧台師的新形象

18X26cm 136頁
彩色 定價 350 元

最精解！ Barista 冠軍培練師 - 阪本義治，告訴您何謂「真正的好咖啡」！

您知道一杯精緻好喝的咖啡在送到您面前之前，背後包含了多少心血嗎？除了咖啡吧台師的專業調理之外，豆子的產地、挑選、烘培、萃取甚至是咖啡機的機種、維護，都是影響品質的因素。內文提到「注視咖啡」，指的是對咖啡關心注視的意思。即是「構築與咖啡的關係」。

利用各種資訊得到知識，透過經驗記取的體會跟感受，注重與咖啡之間的種種關連，為此不惜付出一切的努力，便是 Barista 的使命。

能夠將咖啡豆的價值發揮到淋漓盡致，才是真正的職業高手！

冠軍咖啡調理師
虹吸式咖啡全示範

18X26cm 104頁
彩色 定價 300 元

頂級咖啡師一致公認～虹吸裝置萃取出來的咖啡，

最為香醇道地，純淨度高，令人低迴不已！

除了基本的選豆（混合、烘焙、份量、粗細），沖煮過程中的用水量、火力、攪拌、浸漬時間等，每一個環節都至關重要，都足以影響一杯咖啡的風味口感。

為了讓更多熱愛咖啡的人能夠品嚐到最道地、最香醇的咖啡，本書特別為您邀請到，曾於日本咖啡大師競賽中榮獲「虹吸式咖啡組冠軍」殊榮的兩位大師，針對他們長期鑽研的虹吸式咖啡沖煮技巧、可應用的變化口味、及從開店作業過程中累積的虹吸式咖啡處理訣竅，以精美的圖文做出相當精闢的解說，讓咖啡迷們能夠進入虹吸咖啡的殿堂，體驗它無可取代的魅力！

瑞昇文化　http://www.rising-books.com.tw

＊書籍定價以書本封底條碼為準＊

購書優惠服務請洽：TEL：02-29453191 或 e-order@rising-books.com.tw

PROFILE

田口 護（Taguchi Mamoru）

出生於北海道札幌市。於1974年開始進行自家烘焙。自1978年以來，數度造訪歐美咖啡消費國視察。調查採訪的足跡遍及40多個咖啡生產國。並指導其中幾國的咖啡農園。另外，以Café Bach負責人的身分，指導眾多後進。Café Bach的畢業生活躍於日本全國各地。擔任SCAJ（日本精品咖啡協會）的培訓委員會委員長、會長，致力培養人才。著有《カフェを100年、続けるために》、《カフェ開業の教科書》（旭屋出版）、《田口護の珈琲大全》、《田口護のスペシャルティコーヒー大全》（NHK出版）等多本著作。合著有《カフェ・バッハのコーヒーとお菓子》〈田口文子、田口 護、世界文化社〉。

Café Bach
〒111-0021 東京都台東区日本堤1-23-9　TEL 03-3875-2669　FAX 03-3876-7588
E-Mail:cafe@bach-kaffee.co.jp　http://www.bach-kaffee.co.jp

TITLE

Café Bach 濾紙式手沖咖啡萃取技術

STAFF

出版	瑞昇文化事業股份有限公司
作者	田口 護
譯者	郭欣惠
總編輯	郭湘齡
責任編輯	黃美玉
文字編輯	黃思婷　莊薇熙
美術編輯	謝彥如
排版	菩薩蠻數位文化有限公司
製版	明宏彩色照相製版股份有限公司
印刷	皇甫彩藝印刷股份有限公司
法律顧問	經兆國際法律事務所　黃沛聲律師
戶名	瑞昇文化事業股份有限公司
劃撥帳號	19598343
地址	新北市中和區景平路464巷2弄1-4號
電話	(02)2945-3191
傳真	(02)2945-3190
網址	www.rising-books.com.tw
Mail	resing@ms34.hinet.net
本版日期	2018年2月
定價	350元

國家圖書館出版品預行編目資料

Café Bach 濾紙式手沖咖啡萃取技術 / 田口護作；郭欣惠譯. -- 初版. -- 新北市：瑞昇文化, 2015.12
128面；25.7 X 18.2公分
ISBN 978-986-401-061-5(平裝)
1.咖啡

427.42　　　　　　　　　　104022907

COFFEE BACH PAPER DRIP NO CHUUSHUTSU GIJUTSU
© MAMORU TAGUCHI 2015
Originally published in Japan in 2015 by ASAHIYA SHUPPAN CO.,LTD..
Chinese translation rights arranged through DAIKOUSHA INC.,KAWAGOE.